目次

2 卷頭散文
季節的聲音　風的氣息

4 特集
綠風吹拂的樹林中，
在CAFÉ DU MARCO
品味摩洛哥料理

16 器之履歷書❸三谷龍二
白漆梅花盤

18 連載　飛田和緒帶你做日本各地的料理❶
三浦半島的家常料理

18 料理家細川亞衣的私房食譜⓭
義大利日日家常菜

26 桃居・廣瀨一郎　此刻的關注⓱
探訪 小澤敦志的工作室

32 連載　美味創造者❹
一窺九鬼太白純正胡麻油
做到毫無雜質的
純正美味之祕密

36 飯干祐美子的台灣行

40 公文美和的攝影日記❿美味日日

42 嶺貴子的生活花藝❸
苔球風鈴

46 34號的生活隨筆❽
旅行中的公寓生活

＋ 我的玩偶剪貼簿❺久保百合子
畫在餅乾盒上的松鼠

關於封面

在日置武晴提議
何不用「食材」當作封面的模特兒之後，
從上一期開始就拍攝食材當封面。
這期的模特兒是「皺葉高麗菜」（savoy cabbage）。
這種高麗菜是葉子的表面如同白菜般，
有細細網狀的西方蔬菜。
日置先生說：「放進湯裡煮非常好吃呢」，
不過價格有點高。
以逆光來拍攝，抓住了穿透葉片的光影之趣味。

卷頭散文

「季節的聲音 風的氣息」

山川綠

內部潛藏著火山岩漿的淺間山，即使在隆冬，也鮮少完全被白雪覆蓋。秋意漸濃，宛如MISSONI（譯註：義大利知名高級針織精品，品牌特色為漸層的波紋圖案）配色的雜木林，將淺間山渲染得越來越濃豔。直到枯葉落盡，這山彷彿以一頭短毛野獸之姿，橫亙眼前，正式宣告冬季來臨。這是我移居此地的第六個冬天。在此之前，簡直用盡了全力、氣喘吁吁，被季節追著跑。直到這陣子，才終於有點閒情，能夠迎接四季的變遷。

這塊土地的冬天非常嚴峻。只要接連幾天出現低溫特報，凍結的地面便硬得能讓鏟子彈開來。不經意深吸口氣，連肺都冷得發痛。不過幸運的是，聽說御代田日照的比例，在日本是數一數二。只要待在玻璃窗內側，那兒就成了溫室。可以奢侈的沁著汗水享用冰淇淋。

但是晴天的夜晚，受到輻射冷卻效應影響，總變得更加凍徹心扉。就算有地板暖氣以及不斷燒柴的暖爐，漂浮著冷空氣的細微粒子依舊能引起噴嚏。噢，冷得透不過氣。不過，這異樣的光打哪來的？原來把樹影映照出來的亮光，源自晶瑩皓潔的明月。亮得好似打磨過、薄得「啪」一聲就會碎掉的月亮，端坐在靛藍澄澈的夜空。不服輸的星星，散落了滿天星斗。我終於戰勝了寒冷，沉醉在這只屬於我個人的天文秀。無論多難熬，最終，都抵擋不了御代田冬季的魅力。

這麼說來，前幾天，被問到最喜歡御代田哪個季節，我一時之間詞窮，只吶吶說：「嗯……應該四季各有所愛吧！」其實搬來已邁入第6個年頭，照說早該體驗過四季的變化，我卻到現在還做不出選擇。想來都怪從前生活在都市，哪裡曾與性格強烈、魅力鮮明的大自然，如此近距離交手。

然後，每次見證季節的流轉，總有好多驚喜。因為，季節的變化委實太過激烈和戲劇性。明明就寢時還是秋天的夜，隔天早晨醒來冬天竟悄悄降臨！雖然風景上的變化看來差異不大，不過空氣好像一口氣全都換新了似的。首先，吸進來的空氣密度改變了。肌膚的觸感、味道，都完全與前一天明顯不同。鄰人之間的打招呼也變成「冬天終於來了啊」之類的。本地人好像都擁有相同的感應天線呢！

在御代田的生活已算是升上小六的學生，學到不少事情。忘了哪時候，聽人家說連香樹的葉子聞起來有如焦香奶油，讓我一直對這說法很在意。因為，說到連香樹，我家露臺旁就佇立著一棵，是院子的主角。這棵樹每年從春天到夏天，都會冒出有點大片的心形樹葉，大量的樹葉形成飽滿樹蔭，葉子沙沙作響宛如竊竊私語，帶來不間斷的涼風徐徐。被我當成夥伴看待的連香樹竟然有香味？而且是焦香奶油口味？我來回反覆確認，一直到秋天，都只聞到澀澀的青草味。

但是某天，開打窗戶飄來甜甜的味道。一定是附近人家在烤甜點吧！接著一轉念，把開始轉黃的連香樹葉揉一揉，這不就帶著香味嗎？那是種與其說是焦香奶油，倒不如說像剛烤好的餅乾一樣的甜蜜香氣。我請對面的洋子也幫忙確認，嗯嗯，這香味和甜點沒兩樣對吧？得到她的認可後，我就像寫完回家作業般的鬆了口氣。

觀察著連香樹，我還有其它新發現。連香樹葉掉落的樣子，其實和小鳥的動作極其相似。大樹本就是小鳥休息站。好幾次，眼角餘光不經意的感到有小鳥飛來要降落，確認後才發現，那是散落的連香樹葉。心形葉片所產生的不規則律動，似乎容易令人聯想到生物。

下個機會我絕對不會錯過！我曾如此下過決心。這次我一定要看看，槲寄生裡頭到底什麼樣子。明明從我來到御代田起便一直抱著這心願，結果卻老是錯過時機。

那是種冬季的風情，在樹葉掉光光的大樹頂端或枝椏，經常可見編成圓形冠狀的物體。簡直像個大鳥巢似的。落樹葉落盡的冬天，遠遠便看得好清楚。尤其在老樹、大樹特別多的信州，是很常見的風景。這東西的真面目叫做槲寄生，是種寄生在山毛櫸、朴樹、櫸木等落葉闊葉木的常綠植物。他們在陽光充沛、高高在上的地方找好位置，然後趁冬季大樹枝葉散盡時進行繁殖。也就是說，扎根在寄生的樹枝上，從根部獲得水分與營養，沐浴在充沛的日照下進行光合作用。然後開出生氣蓬勃的花朵。

附近村子，有棵被暱稱為「多摩君」的大櫸木。由於幾棵大櫸木靠在一起，茂盛的樹葉成了四角形，有如電視上的吉祥物多摩君，才因而得名。這些櫸木，不曉得寄生了多少的槲寄生。朋友說，槲寄生在宿主發芽前會把花開完，所以冬天是最好的觀察機會。我絕對要看到那宛如編織般的籃子，搖身一變成為花瓣床的光景！甚至為此還添購了高級的望遠鏡。早春總令人心神不寧，所以過去我才一再錯過時機。好了！從今天起，我要認真去探訪多摩君。

山川綠

20歲出頭與作家山川方夫結婚，丈夫於交通事故中逝世。婚後僅9個月便獨身的山川綠，之後長年擔任新潮社《藝術新潮》雜誌的總編輯。退休後往返於海邊的辻堂、以及高原上的御代田兩個家之間生活。

特集

綠風吹拂的樹林中，在CAFÉ DU MARCO品味摩洛哥料理

摩洛哥是隔著直布羅陀海峽，與歐陸最接近的非洲國家。有位女性因為受到這個過去法國統治的國家吸引而長期停留，習得了當地料理後回到日本，開起了摩洛哥料理餐廳。在長野縣佐久附近，入夜後一片昏暗的樹林裡，有間由梅川慶子經營的餐廳CAFÉ DU MARCO。就讓我們來訪問一下這位氣質脫俗、悠然自得的梅川慶子吧！

攝影—公文美和　文—高橋良枝　翻譯—王淑儀

玻璃藝術家增田洋美的工作室在離CAFÉ DU MARCO走路約20分鐘左右的樹林中。庭院裡，隨處可見她的作品。

CAFÉ DU MARCO

〒389-0201
長野縣北佐久郡御代田町鹽野3247-13
＊編按：目前已結束營業。

CAFÉ DU MARCO的室內簡直就像是身處在摩洛哥當地。沉浸在摩洛哥的氣氛中，享用摩洛哥美食，平日積累的壓力都已煙消雲散。就讓我們悠然地享受摩洛哥風情。

玄關柵欄上，一排塔吉鍋迎接我們的到來。其實這是用過洗淨在晾乾中。

有一部電影《北非諜影》（Casablanca）是以法屬的摩洛哥時代作為故事發生的舞台，在老電影愛好者中是無人不知的名作。說到摩洛哥，我對它的認識也僅止於此，至於摩洛哥料理，只知道有庫斯庫斯（couscous）、造形特殊的塔吉鍋等等。

初夏，我終於有機會一嘗摩洛哥料理，與友人一同走訪長野縣輕井澤再過去一點的地方，那天我們在CAFE DU MARCO預約了晚餐。

摩洛哥料理一如想像的，是以庫斯庫斯或塔吉鍋蒸煮的料理為中心，且完全沒有令人吃不慣的味道，非常好吃。然而，比這些更令人喜愛的則是CAFÉ DU MARCO的女主人，同時也是做出這一桌摩洛哥料理的廚師梅川慶子。

梅川慶子高大（我想她身高應有170 cm吧）且白晰，她悠然自得的氣質十分脫俗，散發出不可思議的魅力。

為了更進一步理解摩洛哥料理與梅川慶子這名女子，我在秋天的某日，再度探訪。

梅川慶子1977年生於大阪，是三兄妹中的老么，成長於大阪，畢業自烹調專業學校，之後為了想在點心烘焙上更精進，遠赴倫敦的藍帶廚藝餐旅學院（Le Cordon Bleu）求學。身為醫師的父母，也全力支持小女兒的夢想。「在倫敦求學的期間，遇到學校放長假，並跟著朋

一列列色彩繽紛的摩洛哥托鞋（Babouche）等著我們挑選。

摩洛哥啤酒。口感細緻，很好喝。

梅川小姐手作的摩洛哥麵包。

在陽台上的午餐。梅川小姐不僅掌廚，這天還親自為我們上菜。

友回到他在摩洛哥的家鄉，當時便想多了解這個國家與料理。」

雖然沒有專門教授摩洛哥料理的學校，但有相關烹飪技術的學校，也有專為餐廳從業員設計的課程。「不過那所學校是為摩洛哥人所開設的，用了國家稅金，所以他們說外國人不能入學。」

不死心跑了好多次不斷拜託，最後終於獲得同意，可修習餐廳相關課程。別看慶子看起來悠哉，其實有很強大的熱情與執行力，屬於行動派。

在這個學校學習一年摩洛哥料理後回到英國，繼續先前於藍帶學校暫停的甜點高級課程及法國料理，並利用課餘時間到倫敦的摩洛哥餐廳實習，畢業後甚至拿到工作簽證，成為這家餐廳的正式員工，於此工作了三年。

三年前的冬天，因為簽證到期而回國辦理手續，來到長野旅行，因而遇見了這個改變命運的地點。

「我偶然走訪而遇見這個地方，突然很想在這裡開餐廳。」

為何是長野呢？

「我母親是松本市人，父親也在長野讀過大學，所以我從小就常來這裡。」

塔吉鍋燉檸檬雞。放了番紅花、薑、柑橘、鹽漬檸檬、橄欖等，構成複雜多層次的美味。

在這個從淺間山麓廣域產業道路轉進一條小路來到這片樹林之中，僅有若干私人別墅、人煙稀少的地方？

「在摩洛哥也是這樣哦，很棒的餐廳常隱身在不易尋找的地方，這裡也很像摩洛哥的一個渡假勝地。」因此在這片一見鍾情的樹林裡蓋起了這間餐廳。建築是請當地的木工師傅來做，要請這些師傅蓋出從沒去過、也沒看過的摩洛哥風建築，想必他們也嚇了一跳吧！

慶子小姐畫了圖，耐心地向他們說明，然後再特地從摩洛哥訂購建材與家具，才能建構出如今我們眼見、漂散著

摩洛哥湯，是以番茄為基底的豆子湯。

雞肉庫斯庫斯，裡面有白蘿蔔（在摩洛哥是蕪菁）、紅蘿蔔、茄子、南瓜、青椒等等的豐富蔬菜，還有香菜十足的香氣。

摩洛哥風情的外觀與室內設計。

一進門即見灰泥的牆壁、從摩洛哥進口的吊燈與家具、整齊排放在玄關的是現在日本也很流行的摩洛哥拖鞋。

坐在張著大塊布遮陽的陽台上，輕風拂面。從樹叢間看過去是一大片廣闊的田野，完全顛覆了上回夜間探訪時，位在前不著村、後不著店的森林中獨棟餐廳的印象。

我們就在這個陽台上享用摩洛哥式午餐。大老遠從海邊小鎮趕來的飛田和緒，以及住在離CAFÉ DU MARCO只要十分鐘車程的山川綠，也來參加今天的聚會。

餐點是從酪梨汁開始，接著是摩洛哥湯配一種很像可樂餅的油炸鷹嘴豆餅（Falafel）、塔吉鍋燉雞、雞肉庫斯庫斯，最後再以甜點水果雪酪及長野的新鮮水果以及香草茶作結，充分地享受了一段摩洛哥時光。

「摩洛哥料理意外地簡單，在家裡，幾乎每天都是塔吉鍋料理。」

一般的摩洛哥家庭星期五幾乎都是吃庫斯庫斯，據說他們的習慣是媽媽一早就會先做好，待全家人從禮拜堂做完禮

油炸鷹嘴豆餅，是鷹嘴豆加芝麻糊下鍋炸成的可樂餅，以皮塔餅包著蔬菜及炸鷹嘴豆餅，加點優格醬一起吃。

拜回來時一同享用。

這一帶位於長野縣中部，冬天雖然積雪不多，但氣候也非常寒冷，幾乎沒有客人上門，因此CAFÉ DU MARCO從一月中旬到三月中旬會暫停營業，慶子每年也會趁此時回到摩洛哥，呼吸一下摩洛哥的空氣，養精蓄銳。

梅川小姐為我們示範包法。

張大嘴巴一口咬下。

摩洛哥茶是在茶葉中加進
新鮮薄荷葉一起沖泡，帶
有自然甘甜。

水果冰砂。是將用不完的
水果拿來製作冰砂，所以
是綜合各種水果的口味。

長野縣佐久的新鮮水果，購自於由當地農家主婦發起的「御代田婦人部」市場。

問在庭院中的梅川小姐「妳在做什麼？」她回答：「在拔泡茶要用的薄荷葉。」

學作摩洛哥沙拉

請梅川慶子教我們
可以在家簡單製作的摩洛哥料理，
於是她端出的是這盤沙拉。

紐西蘭產的黃檸檬，較不酸，接近摩洛哥當地的口味，因此選用。

摩洛哥堅果油（Argan Oil），是以一種生長在摩洛哥西南部的沙哈拉沙漠中特有的摩洛哥堅果樹（或音譯成阿甘樹Argan）的果實所榨取的油脂。

①

材料。從上方順時鐘開始：義大利香芹（Italian parsley）、紫色洋蔥、小黃瓜、番茄、橄欖，中間是摩洛哥堅果油。所有的蔬菜大致切細，調味料是由孜然粉、鹽、胡椒、檸檬汁調和而成。

②

將所有的蔬菜放入調理盆中，番茄捏碎也丟入盆中，再加進鹽、胡椒、孜然粉、摩洛哥堅果油、現榨檸檬汁，以手抓拌。加入大量的孜然粉（約兩大匙）是美味的關鍵。

摩洛哥堅果油比橄欖油來得更清爽，有美好的香氣。曾在介紹這種油的書裡看過一張照片是山羊爬到樹上去吃摩洛哥堅果。「摩洛哥堅果是山羊最喜歡的食物，古時候人們會撿山羊吃過摩洛哥堅果排放出來的果核來榨油。若沒有這種油，以橄欖油或是沙拉油來取代也無妨。」

日本產的檸檬酸味太強，因此選用進口的黃檸檬。「最近市面上已經可以買到這種紐西蘭產的黃檸檬了。」

我去過Queen's Chef（連鎖超市，現已改名為Queen's Isetan）找到這種檸檬，比起一般的檸檬，有著更溫和的酸味與香氣，有點接近葡萄柚或柑橘再加水稀釋的味道。

廚房裡的梅川慶子。

器之履歷書❸

白漆梅花盤

三谷龍二（木工設計師）

文‧照片—三谷龍二　翻譯—王淑儀

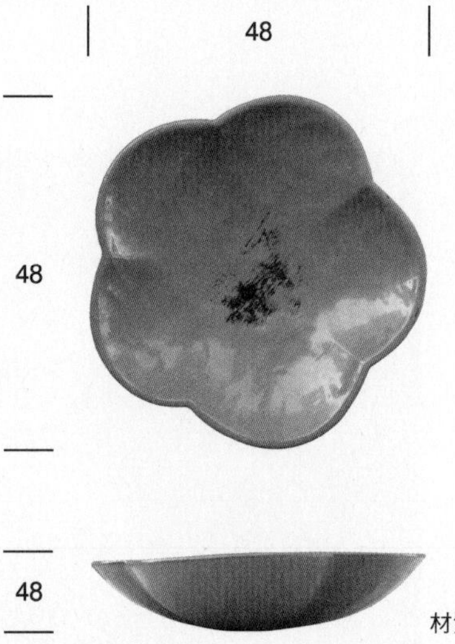

材質→山櫻　塗裝→白漆

一般說到漆器，幾乎都是暗紅或黑色，其實漆本身還有綠、黃、白等各種顏色，只是色漆是靠顏料與漆充分混合調製出來的（只有黑色的漆又多加了鐵粉，是經過化合作用產生的顏色），類似油畫的油彩是以松香油加顏料，水彩畫的水彩是以阿拉伯膠液與顏料調和而成。就像松香油或阿拉伯膠液是顏料粒子的媒介一樣，漆也扮演著媒介的角色。只是相較於其他媒介是接近透明無色，不僅不會影響顏料原本的顏色，更有助於顯色，然而漆乾了以後會變成深褐色，使得顏料的顏色無論如何都會變沉、偏向褐色系，但換個角度來看，這樣的特質反而讓漆產生一種具有深度、富層次感的色調。即使是白漆同樣深深地受到褐色系的影響，雖然稱作白漆，剛完成時呈現的顏色仍是深褐色。

然而漆的特性是在時間的洗禮之下，會日漸透明，因此剛上完色的白漆製品一開始雖然是深褐色，但放上數個月後就會變得愈來愈白晰。若將漆比喻為咖啡、白色顏料為牛奶，一開始有點像是只加了幾滴牛奶的咖啡，隨著時間的經過，顏色會愈來愈像是加了一大杯牛奶的咖啡歐蕾。

會使用白漆是因為白色是我特別喜歡的顏色，一提到白色，總是能輕易地想到各種不同的白，像是白紙的白、雪的白、留白的白、瓷器的白、粉引的白或是剝落的胡粉（譯註：以碳酸鈣為主要成分的顏料，多使用於日本畫、日本人偶上）之白、羅馬式雕刻的白等等。

我第一次以白漆上色的作品便是這個白漆梅花盤。梅花在北國是春天來臨的特別象徵，我覺得白漆很適合拿來表現白梅，因此著手做了這件器皿。花的形狀與我平常做器皿的風格有些不太一樣，但是我一想到要創作白色的器皿，腦中就浮現出乾山（譯註：尾形乾山，1663～1743。江戶時代知名的工藝大師，特別喜愛製作形狀多變與用色活潑的各種食器）以各種百合、紅葉為形的向付（譯註：日本料理中，盛裝餐點用的器皿）。

日本人會像欣賞畫作一樣地欣賞器皿，因而讓我想到在生活中，裝飾著這樣一朵小花似乎也不錯。

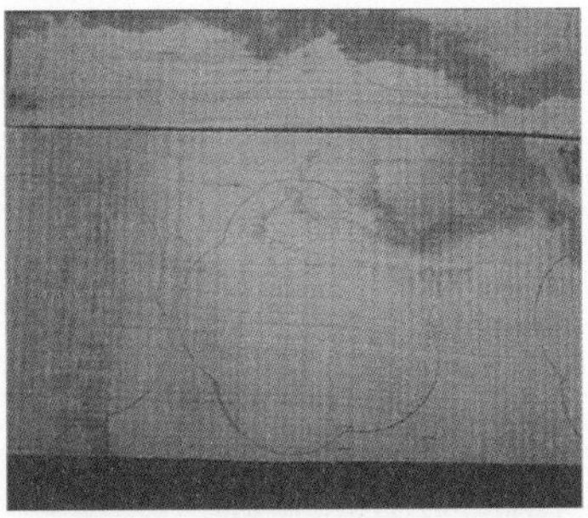

1 在厚約27mm的櫻花木板上，沿著紙型描出梅花的輪廓。

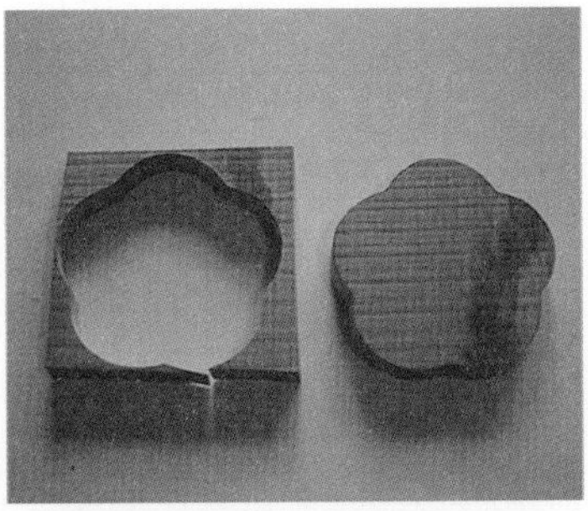

2 以線鋸沿著輪廓裁出梅花形。

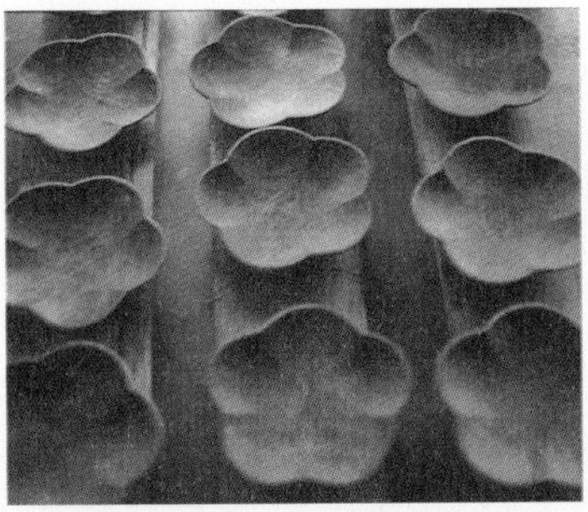

3 鑿出梅花盤的樣子，拭漆，讓木頭定型。

4 調製白漆時，把器皿裝在電動迴轉機的棒子上。

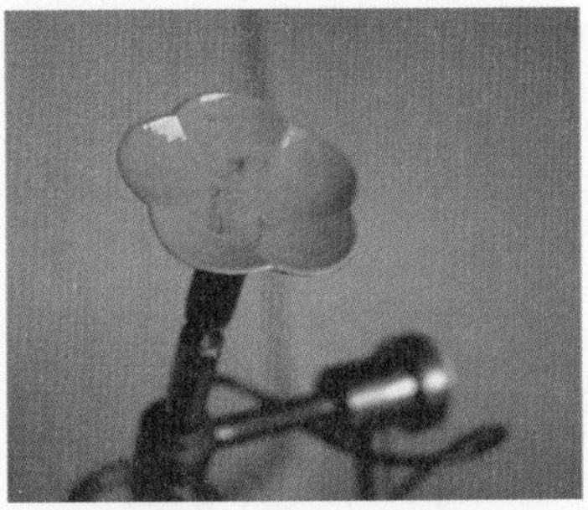

5 先上幾層黑漆，每上完一次都要以電動迴轉機讓漆均勻地乾燥，最後一次才塗上白漆。

6 將器皿從棒子上拆下來，背面塗上黑漆。

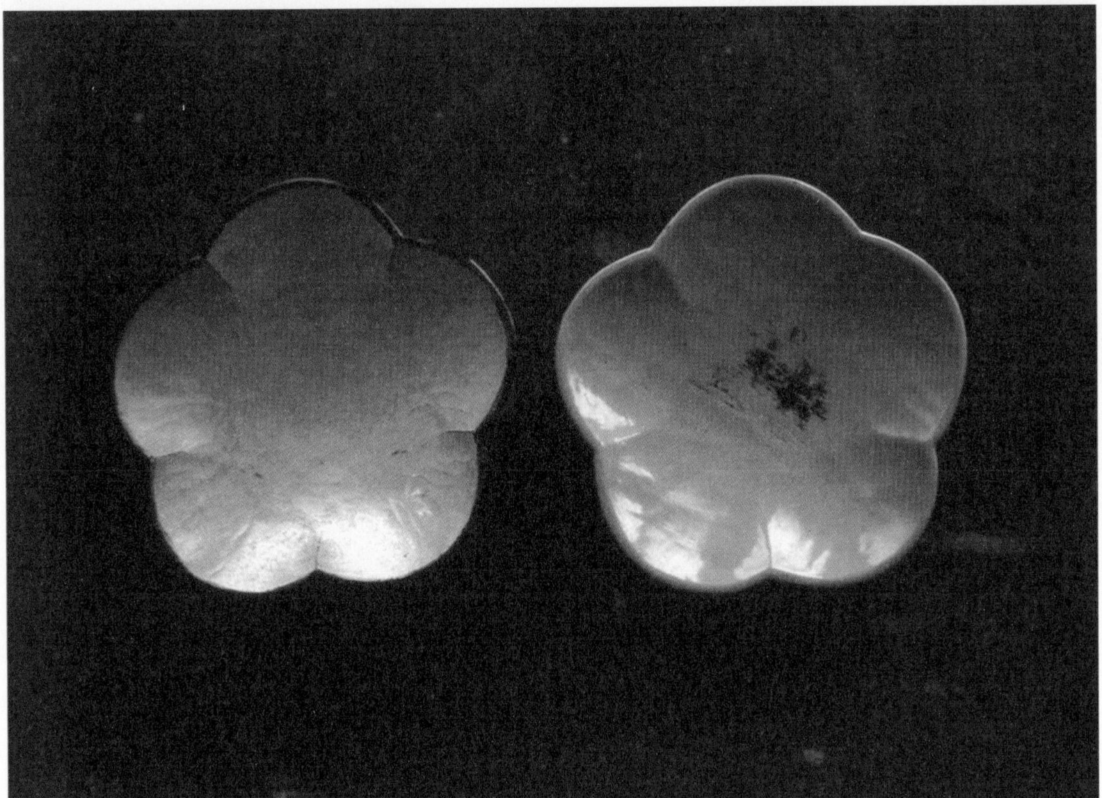

左邊的盤子已經用了十年，愈用愈發白晰。

連載—飛田和緒帶你做日本各地的料理❶

三浦半島的家常料理

三浦半島，一塊盛產山珍海味的土地。飛田和緒搬去那裡生活已經五年了，知交愈來愈多，也熟悉當地特有的罕見食材與料理方式。連載的第一回，要介紹她熟悉的三浦半島的家常菜。

文—高橋良枝　攝影—廣瀨貴子
翻譯—蘇文淑

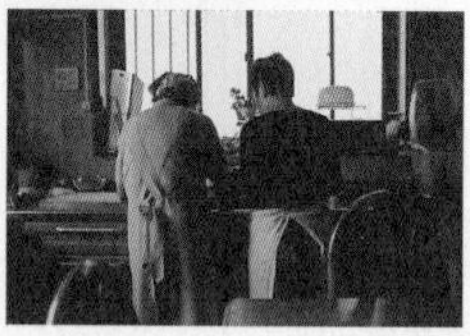

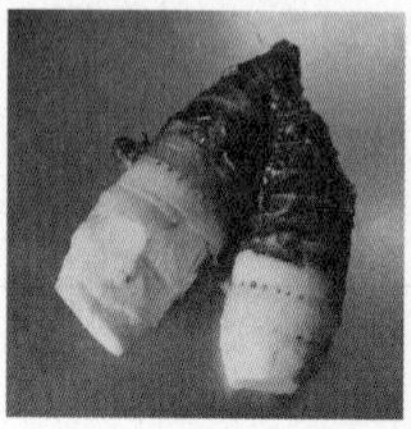

筍芋是小芋頭的一種，又叫京芋。因為長得像筍子而有這個名字。

活魩仔魚跟明日葉都是海濱才有的食材，這道天婦羅很有三浦半島的特色。

三浦半島是飛田和緒現在住的地方。日文版《日々》14期（編按：此期中文版未出）曾經為大家介紹過紋四郎丸商店裡一位擅長煮曬魩仔魚的堀江多壽子婆婆。婆婆是在這個海濱城市出生長大的道地三浦半島居民。飛田她們家現在跟婆婆家常有互動。

當時82歲高齡的多壽子婆婆仍堅守著煮曬魩仔魚的鍋爐。她做了一道非常有魩仔魚商家特色的小菜——以活魩仔魚與明日葉拌攪酥炸而成的天婦羅。

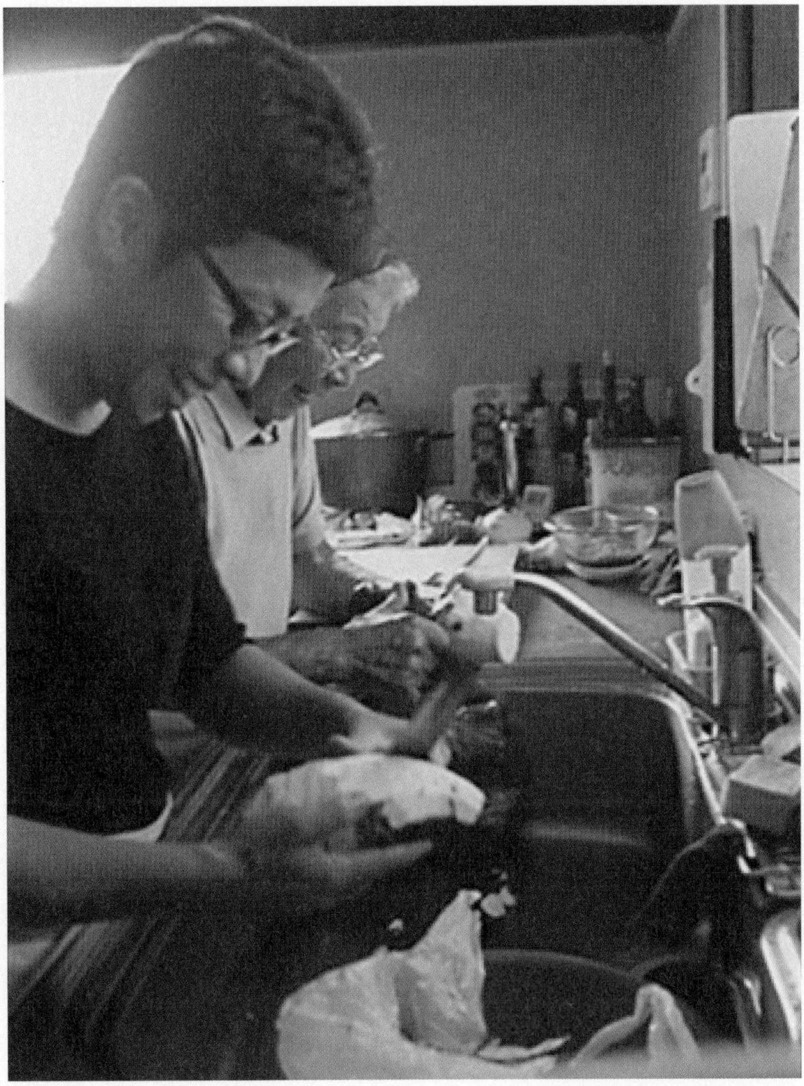

飛田跟多壽子婆婆在廚房裡開心地削皮。

「鄰居剛好給我們筍芋，來煮筍芋好了。」

多壽子婆婆一說，飛田便開始削起了筍芋的皮。四代同堂、共有六名家族成員的多壽子婆婆家吃晚餐時好像很熱鬧，「因為常有人來吃飯呀」。飛田家也常去叨擾，所以大家也很習慣看見飛田在廚房裡幫忙。

「妳試一下味道好不好？」

「要煮成甜的啊？」

兩個人好像母女一樣，談話間自然流露熟稔交情。

「哎呀太甜了，加一點醬油吧！」

「咕咚咕咚」，多壽子婆婆拿起醬油就往鍋裡倒，做一大家子人的飯菜總是豪邁。

炸天婦羅裡用的明日葉是產自伊豆七島、伊豆半島、三浦半島等溫暖海岸地區的野草，常能在三浦半島的住家庭院外或草堆中看見。婆婆把採自當地環境中的明日葉跟活魩仔魚搭配，炸成了非常有三浦半島特色的天婦羅。

在三浦半島，四季當令的蔬菜、海鮮要多少有多少，怎樣用相同食材變化出不同的菜色，以免家人吃膩，就成了當地主婦的絕招。飛田當然也學會了這些絕招。

這一期，她要用取自三浦大自然的食材，為我們示範四道家常菜。

花蛤湯炆白菜

雖然量不多，但三浦產一些花蛤。做這道菜的時候有點小奢侈，因為要把蛤湯跟蛤肉分開使用。

這道菜裡少不了花蛤跟魚，可是這兩樣對我來說頂多只是配角，真正讓人筷子夾不停的是白菜跟三浦白蘿蔔。

■材料（容易製作的分量）

白菜……半顆

花蛤……300g

鹽、薄口醬油*……少許

①把花蛤殼徹底洗淨後放入鍋裡，倒入6杯水，開火。殼開後將蛤肉取出，與蛤湯分開。

②白菜芯不用去掉，連芯一起垂直切成四等份。

③把白菜放入蛤湯中，用小火煨煮至白菜軟嫩，以鹽巴與薄口醬油調味即可。

小提醒 取出來的蛤肉可以用比較重的調味，以醬油、味醂等煮成鹹甜的佃煮蛤肉。

*譯註：薄口醬油色澤較淡，但較鹹。

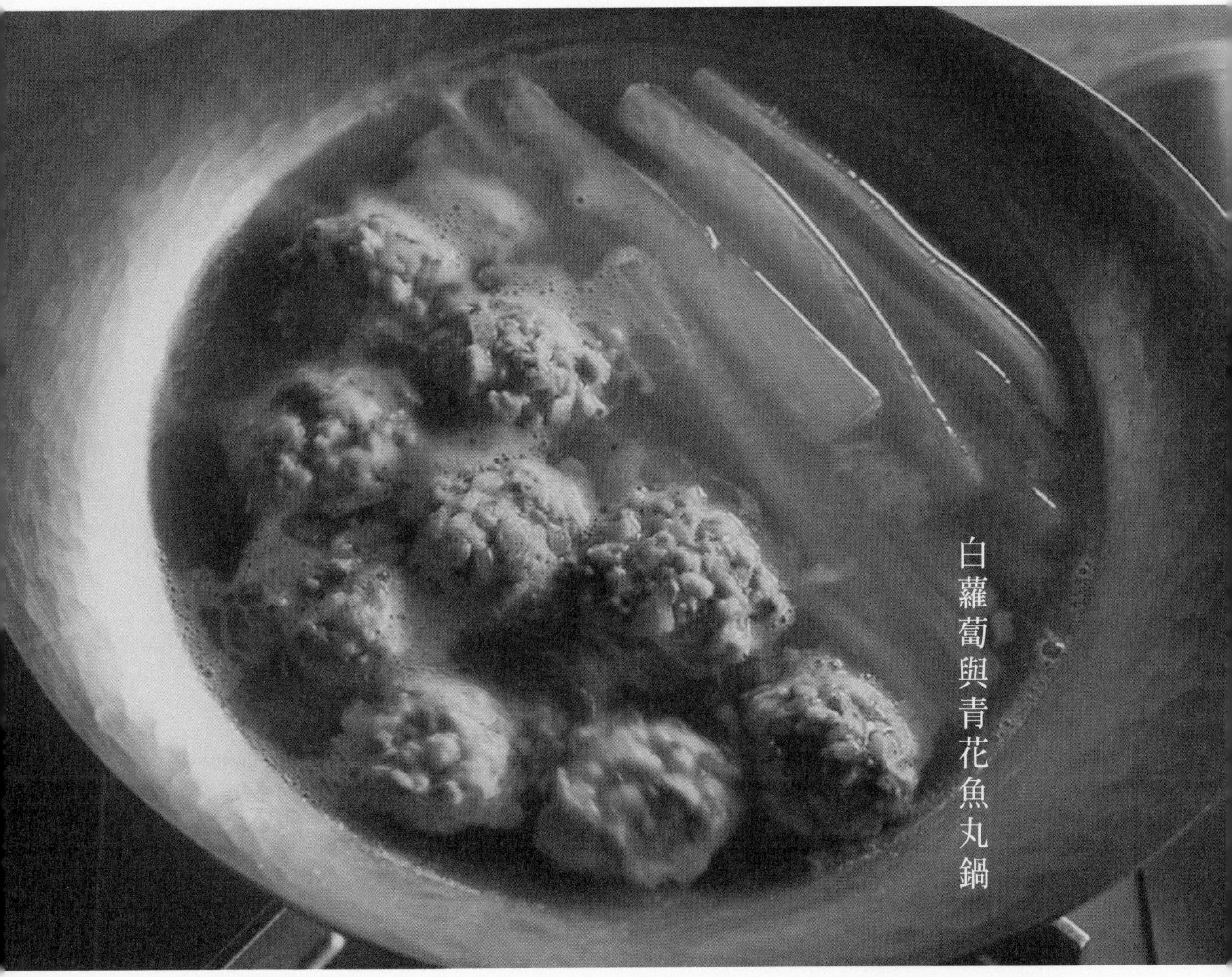

白蘿蔔與青花魚丸鍋

做菜時，有時候會用青花魚的骨頭熬湯，不過這一次因為已經用了青花魚肉做魚丸，如果再用青花魚骨熬湯，可能會太腥，所以我改用昆布湯底。這裡的居民好像比較習慣把魚切片，而不是做成魚丸。

■材料（四人份）

白蘿蔔……半條
青花魚……1條（450g左右）
長蔥……10cm
薑……1片
酒、味噌……1大匙
太白粉……1大匙
昆布……長寬約5cm的一片
鹽……適量
山椒粉、七味粉等……適量

①青花魚片成三片，用湯匙之類的器具把魚肉刮下來。長蔥切細碎，薑磨碎。
②將調味料倒入①中，用菜刀剁一剁、拌一拌。
③白蘿蔔切成約6、7公分的長條。
④鍋裡倒入5杯水，丟入昆布，開火。快煮滾時把昆布拿出來，將白蘿蔔放入煮至稍微清透後，用湯匙將魚泥舀成丸子狀丟入湯中煮熟即可。

炒白蘿蔔皮

我聽說這裡的人在炒菜煮湯時，常加點魚漿製品，所以我也在炒白蘿蔔時試著用竹輪來調味，味道很搭，之後這道菜就成為我家餐桌上的常客了。薑跟白蘿蔔的味道非常合。

■材料（容易製作的分量）

白蘿蔔皮（把長約5㎝的白蘿蔔段片下一圈皮）……2片
魚輪、魚板或炸魚片等魚漿製品……少許
薑……半片左右
芝麻油……2小匙
鹽、醬油……少許

①蘿蔔皮跟竹輪切條，薑切絲。
②以芝麻油熱鍋，加入①稍微拌炒一下後以鹽巴與醬油調味即可。

鹿尾菜拌飯

這是紋四郎丸商店的惠子教我做的菜。一年前某天我去買魩仔魚時她說「我家今天要煮鹿尾菜拌飯」，分了一些鹿尾菜給我，還教我怎麼做。當晚我也煮了這鍋飯擺在餐桌上，香味四溢，口感滑柔，飯粒都吸飽了鹿尾菜的鮮香。那天之後我就愛上了鹿尾菜，不過三浦不容易買到這種海藻，所以我只要一看見就買回家囤著。

■材料（容易製作的分量）

鹿尾菜……乾燥的約100g
紅蘿蔔……1/4根
豆皮……半片
高湯……1杯
醬油、味醂……2大匙
鹽……少許
米……3杯

①用剪刀把鹿尾菜剪成5mm左右的方塊，紅蘿蔔跟豆皮也切成同樣大小。
②在鍋裡倒入高湯與調味料，加入①稍微煮到入味後，關火靜置冷涼。
③洗米濾乾，把米靜置於濾盆上約20分鐘。用②的湯汁煮米，照平時煮飯時的水量即可，不夠的話再添水。
④飯煮好後要再悶一段時間，接著把②的鹿尾菜輕輕拌進即可。

料理家細川亞衣的私房食譜⑬

義大利日日家常菜

米澤亞衣結婚後
變成了細川亞衣，
從東京搬到了熊本，
每天都過得很開心的樣子。
東京、義大利、
現在又加上熊本，
不知道她的料理
會綻放出什麼樣的美麗花朵。
接下來的日子更令人期待。

料理・造型—細川亞衣
攝影—日置武晴　翻譯—蘇文淑

我第一次吃到義大利麵疙瘩（gnocchi）是在剛到義大利不久的時候，被邀請去一個親戚同聚的場合，於是我心裡就對那時候吃到的義大利麵疙瘩留下了節日食物的印象。

可是亞歷山卓菈會在家裡沒東西吃的時候，做道簡單的義大利麵疙瘩給我。她跟菜市場裡某個賣馬鈴薯的叔叔（他家的馬鈴薯很適合做義大利麵疙瘩）像簽約一樣，買進大量人家賣給高級餐廳的馬鈴薯。家裡的麵條都吃光了，蔬果室裡還滾著幾顆馬鈴薯。

我到現在還記得她用那雙細得快折斷的手，一點也不以為苦地揉著好幾公斤的麵團，那身影跟她當了母親後，抱著孩子的模樣常在我腦海交織重疊。

■材料（4～6人份）

義大利麵疙瘩
- 馬鈴薯（五月女王*）　600g
- 高筋麵粉　約150g
- 荳蔻　適量

醬汁
- 奶油　60g
- 牛奶製半硬質起司　100g
- 粗鹽
- 帕馬森起司、胡椒　適量

■作法

水煮馬鈴薯，水滾後轉小火，煮到可以用筷子輕易插進去之後，把水倒掉，繼續用小火乾煮一下讓表面的水份蒸發。之後趁熱把皮剝掉，用搗泥器搗碎後平鋪在木台上放涼。

倒上高筋麵粉，磨點荳蔻，用刮板把麵粉跟荳蔻拌進薯泥中。

拌得差不多後，在木台上揉成一團。輕輕轉動麵團，讓裡頭的空氣跑掉，接著切成容易擀平的大小。

木台上灑點麵粉，用雙手的手掌輕柔地把小麵團揉成大約1cm厚。

從兩端切成喜歡的長度，灑點麵粉，可以用手指或叉子在上面按出壓痕。接著把它們平攤在工作盤上，不要重疊，擺在濕氣較少的地方。

半硬質起司去皮，切成很薄的薄片。

煮開一大鍋水，倒進粗鹽跟義大利麵疙瘩，等義大利麵疙瘩一浮起後就用濾杓舀起濾乾，倒進已經用小火融化了奶油的炒鍋中。

把所有義大利麵疙瘩都倒入鍋中後，灑上起司，視情況加點剛才煮義大利麵疙瘩的湯水，煮至全部變軟後，盛盤。磨點帕馬森起司，視喜好灑點胡椒。

*譯註：品種名。

Gnocchi di patate al formaggio
義大利麵疙瘩佐起司醬

桃居・廣瀨一郎
此刻的關注⑰

探訪 小澤敦志的工作室

「鐵」這項素材
對人類而言是最熟悉的金屬，
我們的生活週邊滿是鐵製工業產品。
小澤敦志藉由自己的雙手
一吋一吋地仔細敲打，
將這些已被定形的鐵製器具
「打回原形」。

文—草苅敦子　攝影—日置武晴　翻譯—王淑儀

「地球原本就是一個大鐵塊。」因為太貼近人們的生活，很少有人注意「鐵」的存在。我也是聽了小澤敦志的這番話，才重新注意到我們是在鐵的包圍下過日子，然而我們手中有的幾乎都是工廠生產、整齊劃一的工業產品。

「我想要讓有這層意義的道具，回到它原本的面貌底下，這還滿有趣的。」

工作室外面有台薄如紙的腳踏車，還有其他像是工具、電腦、電器用品、噴漆罐等等，都是以鐵去敲打出來，幾乎看不出原本是什麼東西的模樣。

經過敲打而變薄、延伸的腳踏車。路邊走過的人也大吃一驚。鐵鏽述說著時間流逝的故事。

「一加熱，塗裝就會剝落，回復到原有的鐵色。再拿到鐵桌上敲打，將器具解體、讓原有的意義解構。」

即使同樣是金屬，卻對鋁或銅等沒有興趣，只專注在鐵之上。一般外行人根本無法瞬間判斷，但是小澤光是聞味道就能判定眼前之物是否為鐵製品。

就算是鐵製品，也因為製造方法不同而性質相異。將鐵加熱融化後倒入模型中冷卻後定形的為鑄鐵，受到大力重擊時會碎裂；另一種則是將鐵加熱後敲打、延展、施壓製形，小澤的作品幾乎都是採用後者。

「因為敲打出來的鐵製品會有彈性，若要比喻，鑄鐵是餅乾，壓製鐵器則是麻糬。」

原本是立體的鐵器變成平面、直條條的鐵被折彎，重生為一件作品。所有的作業都不靠機器，全是靠小澤的手來進行。廣瀨一郎直盯著他的作品說：「經過小澤敦志的手，鐵彷彿是種生物，在歲月洗禮下，上了年紀的會長鐵鏽，就是這點讓人感到生命的存在。」

明明只是回到「純粹的鐵」之狀態下，卻有著工業製品的時期所欠缺的人的氣息。

靠牆的層架裡有各種鐵製零件。廣瀨一郎前方的是重量感十足的鐵砧，在這上面打著熾熱的鐵。

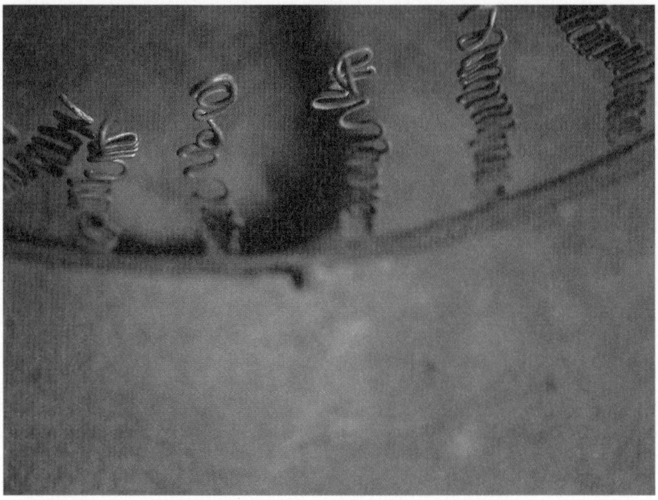

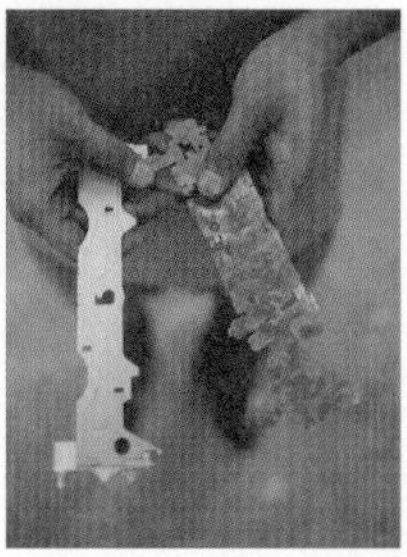

小澤手中拿的是同一台機器的零件，左邊是再製前，右邊是再製後，工作室裡裡外外放滿了到各地去收來或人家給的鐵件。

大圓環內側有多個已壞掉的彈簧，它原本是小孩用的圓形彈簧床。

噴槍瓦斯（gas burner）噴出熊熊的青色火焰，是在焊接小部分金屬時使用的器具。

跟一起分租工作室的金工作家高井先生聯手打造的煉焦爐（coke oven）。溫度可達度1000～1500度，將鐵材放在爐上，加熱到變紅。

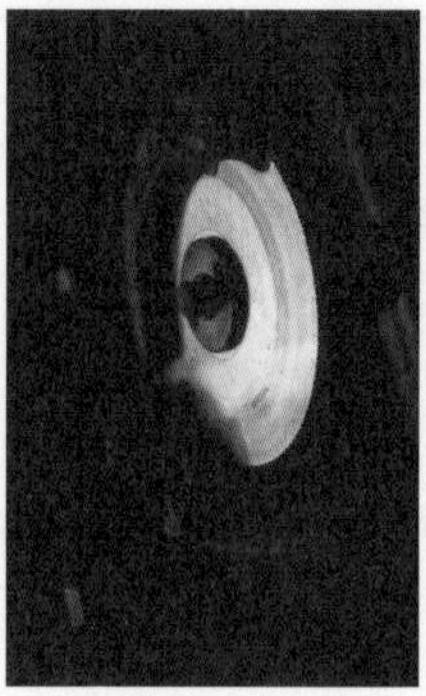

工作室裡的工具山，外行人隨便亂碰可是很危險的。連槌子的種類都很多，各有不同功能，不想要破壞表面的就用木槌，想打造粗糙感時就金工鐵槌（textured hammer）。

小澤的工作室位在東京立川的石田倉庫裡裡，在3棟建物中有近20名作家進駐，宛如一座藝術村。

小澤過去曾憧憬室內設計師的工作，大學也選讀設計科，大二時「覺得是個未知的世界」，專攻金工，「總之就這樣吧」，卻也被金屬的魅力吸引，畢業後選擇走上創作之路。

「當我煩惱沒有錢什麼也做不成之際，聽說這個倉庫可以多進駐一個人，就請人幫忙介紹，讓我可以進來。」

原先在這倉庫裡就已經有兩位金工作家，因此像是空間、道具、焊接必要有的瓦斯等幾乎都可以一起共用，熔鐵爐也是大家一起做的，同一樓層有間裝潢公司會讓我幫他們做一些店家的招牌或是門把之類。

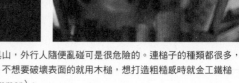

「我覺得自己進駐的時機滿好的，整個創作的環境都已很完善了。」

《日々》11期介紹的土器作家熊谷幸治是他大學時代至今的好朋友，也是每年會合開雙人展的作家同業，非常好的競爭對手。兩人的共通點是作品都直接呈現出素材的本質。

「我們各自使用的土與鐵雖然是不同的材質，但是彼此都會給對方帶來刺

鐵皮搭造的巨大「石田倉庫」。小澤敦志的工作室就位在「No.3」棟一樓。

小澤敦志

1979年生於栃木縣宇都宮。2003年自武藏野美術大學工藝工業設計學科畢業後，於立川的石田倉庫設立工作室，開始創作活動，以藝術鐵雕為主要創作內容。現在（編按：本文採訪時為2009年）與當地居民共同製作於立川市廳舍展覽的公共藝術作品。

彷彿是間小工廠的工作室內，瓦斯筒、重機具等四處可見。在加熱作業時，室內溫度會超過40度。由此可想見小澤強健的體魄是怎麼形成的。

激，也會嫉妒對方使用的材質有著自己無法表現的特點。」小澤笑著說。

大約自三年前開始，製作器皿、餐具等。「小澤的作品解構了道具原有的意義；另一方面餐具卻是為了作為道具而製作的，兩者是正相反。」廣瀨一郎對他兩方面的作品都十分感興趣。

「敲製藝術作品並沒有一定的型態，然而餐具卻得是順手、好用，不能是奇形怪狀的，某種程度上得知道自己要做成什麼樣子，這點也讓我覺得很有趣。」小澤考慮著今後要增加更多的餐具或器皿的作品。

「也有人建議我選定一個方向去做就好，但是我比較想順應著自己心中湧現的興味去製作，這讓我感到愉快。」

「我想，現在已經不是只有專注在一件事情上才稱得上是好創作者的時代了，可以製作各種不同味道的作品，對小澤來說才是最自然的一條路。」

這一天在同一個倉庫內也有家具製作、繪本作家、平面設計師等各類創作者在創作著，今後他們也將為彼此帶來刺激，產生好的化學反應，誕生新作品。

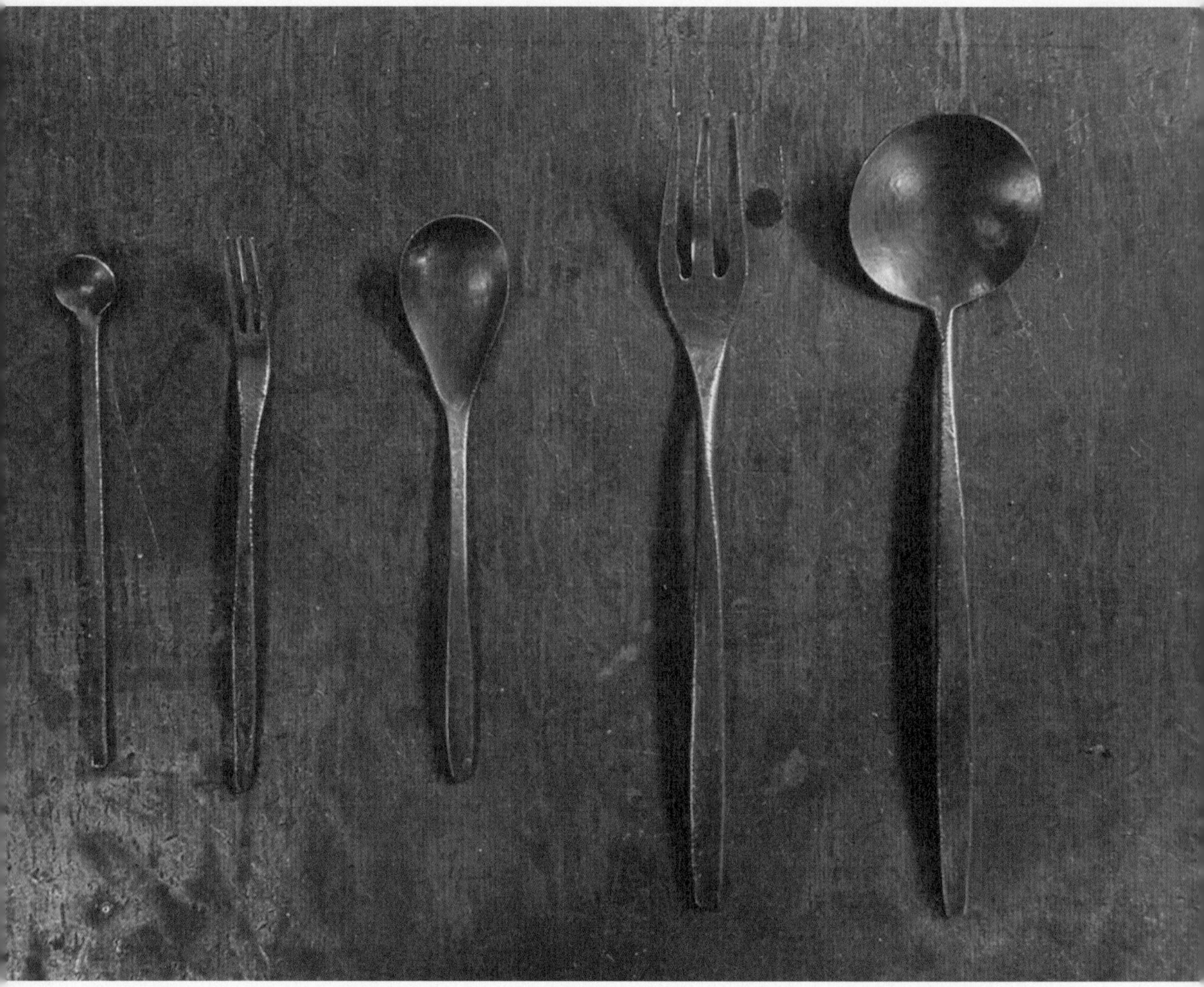

不停製造與破壞，鐵的相對論

文—廣瀨一郎　翻譯—王淑儀

地球的重量，鐵就佔了30％，但就算走在荒郊野外也難以發現，因而令人意外。從外太空看地球，會覺得這是個由水構成，也是鐵構成的星球。我們可以說人是依水而生，也可以說是與鐵共生。斑駁生鏽的鐵特別讓人感覺到是彷彿是有生命的有機體，是有原因的。在小澤敦志的鐵塊上，我感覺到一種類似站在水邊，捕捉到與遠古生命一線相連的熟悉感。

右起（長度）
■190mm ■185mm ■130mm ■130mm ■120mm

從鐵塊到餐具的製作過程可說是一種「意義的建構」。用鐵槌將電腦、家電製品拆解下鐵製零組件的過程則是一種「意義的解構」。

這兩者相對的行為，在小澤敦志的心中達到完美的平衡而成立。人若沒有意義無法活下去，但被意義包圍的人生令人窒息。不斷製造後再破壞、破壞後再製造的反覆過程中，我們有了發現。

右起
■鉗子 125×60×50mm
■微波爐 70×65×20mm
■瓦斯爐 100×35×15mm
■電腦 55×30×40mm

桃居
東京都港區西麻布2-25-31
☎+81-3-3797-4494
週日、週一、例假日公休
http://www.toukyo.com/

廣瀨一郎以個人審美觀選出當代創作者的作品，寬敞的店內空間讓展示品更顯出眾。

連載　美味創造者❹

一窺九鬼太白純正胡麻油做到毫無雜質的純正美味之祕密

文—高橋良枝　攝影—廣瀨貴子　翻譯—王淑儀

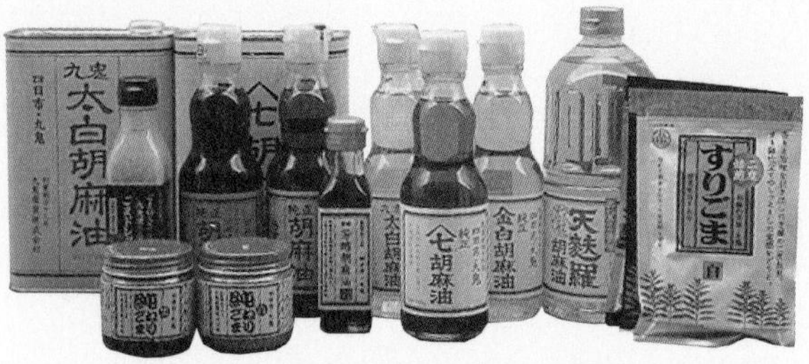

九鬼產業是一家胡麻產品工廠，不僅生產胡麻油類，還有各式胡麻粉、胡麻醬等產品。

胡麻油之中也分成透明、香氣淡的太白或純白胡麻油，以及香氣重的胡麻油。在家做飯時若使用這類胡麻油，味道一定大不相同！說得誇張點，從沙拉油換成胡麻油，可說是和食料理的革命了。

太白胡麻油是何時開始在市面上也看得到的呢？我只確定我年輕時是沒有的。「一般供餐廳用的大約在40～50年前就有了，但是開始賣個人消費者用的小瓶裝，大約是近20年前而已。」九鬼產業開發部年僅30的年輕主任須藤健太郎為我解惑。

檢視我們家的胡麻產品，這才發現不只有太白胡麻油，還有芳醇胡麻油、胡麻醬、胡麻粉等，而且家中有的幾乎都是出自九鬼產業的製品。

這些產品的原料雖然都一樣是胡麻，但一般人並不知道為何製成的胡麻油還會分成香氣重跟香氣淡的。為了了解其中的差異，我們參訪了九鬼產業的工廠。

九鬼產業的總公司及工廠位在三重縣的四日市。西元1886年，九鬼產業的始祖九鬼紋七成功開發出以壓製法來生產胡麻油，此後一百多年在同一個地方，一直遵守著傳統的壓製法來生產胡麻相關產品。

「胡麻油容易產生一種焦臭味，簡單來說，不同之處是烘焙過的胡麻會產生焦臭，而生的胡麻則是冷壓不會產生臭味。」

須藤健太郎以咖啡豆來比喻胡麻，簡單明瞭。深培與淺培的咖啡豆在味道跟香氣上都很不一樣，胡麻的原理也相同。

之後在製造過程中當然也有幾個地方是不一樣的。「九鬼太白純正胡麻油」在製程中，會將榨取的油靜置約兩週的時間，在精製過程中去除生胡麻油特有的油臭味，並以和紙仔細地過濾除雜質，最後才能做出毫無雜味的油品。

廣大的園區裡有好幾棟建物，分別是保存原料的倉庫、壓榨機械的工廠、保存油品的油槽、進行瓶裝工程的包裝工廠等等。製程中最後一步的瓶裝工廠為了不讓人手接觸，採用全自動化。

九鬼產業株式會社
客服部
〒510-0059
三重縣四日市市尾上町11番地
☎＋81-59-350-8615

工廠園區外有條運河，自創業時代開始，這條運河就與九鬼產業的歷史相疊，因此將九鬼太白純正胡麻油放在運河旁的欄杆上拍張特寫。

胡麻的生長過程

⇐

⇐

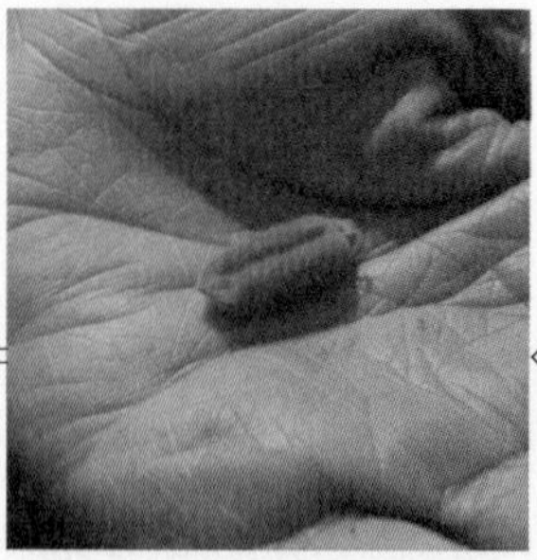

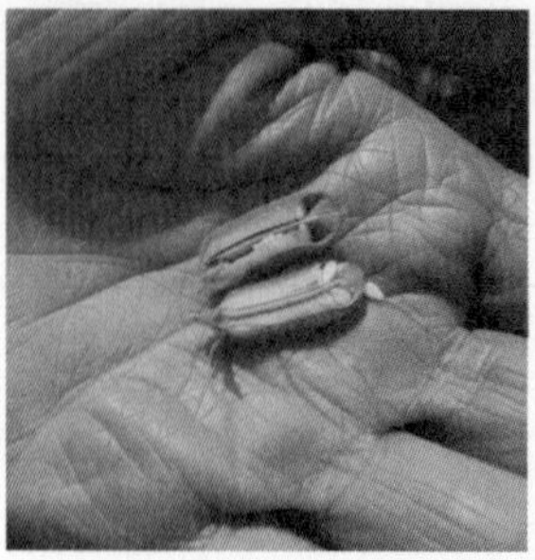

⇐

胡麻花

從莖的下方朝上輪番開花。淡紫色不起眼的花朵，有著與風鈴草、龍膽花相近的外形。

胡麻木

最高可長到近兩公尺，全株被茸毛。莖呈四角柱狀，直挺挺地朝天伸展，葉子是長橢圓形。

胡麻的種子

花謝了之後結成的果實裡有大量的種子。果子熟成後，會由下往上一一蹦裂，飛散出大量的種子。

枯萎的胡麻木

胡麻的種子飛散之後，只剩空殼的果子。依品種不同，會生產白色、黑色、金色的胡麻。

胡麻的照片借自九鬼產業。

作為一家胡麻綜合廠商，要確保原料的來源即是很重要的一環工作，因為在日本國內，幾乎沒有聽過有人在種胡麻的。

「現在原料是從十多個國家進口，但也委託幾家日本農家栽種胡麻，由我們直接買進，甚至有些是契作有機栽培。」

來到保存原料的倉庫，可見到來自瓜地馬拉、奈及利亞、緬甸等各個國家的大量胡麻，不同國別分開堆放。對瓜地馬拉的農場是契作栽培，因而可穩定取得原料。基本上是不使用農藥，但國外進口的原料還是會進行嚴格的殘留農藥、細菌、酸價檢查，以確保好品質。

胡麻的原產地是非洲熱帶稀樹草原，據說現今在當地也還有許多胡麻的原生種。胡麻是胡麻科胡麻屬一年生草本，播種後約三個月即可收成，但容易受到氣候等因素的影響生長，因此要保有穩定的原料產量，對製造廠來說是很重要的課題。

「現在我們也在三重縣及岐阜縣的下呂市，由員工自己從耕土到收成所生產的有機國產金胡麻也已商品化。」

因為積極致力於胡麻栽培，國產商品跟著一步一步增加。也許有朝一日我們小時候看到田裡開著淡紫色胡麻花的美麗風景又得以再現。

右上／九鬼太白純正胡麻油的原料，白芝麻。
右中／進口的芝麻都集中在這個恆溫倉庫裡保存。
右下／讓剛榨出來的芝麻油在一定的溫度控管下沉澱的油槽。
左／裝瓶中的九鬼太白純正胡麻油。下一步就會貼上標籤，至此都是自動化生產，通過品檢後便裝箱準備出貨。

飯干祐美子的台灣行

攝影—黃瀚萱　記錄—羅家芳　整理—Frances

小器藝廊 Yumiko iihoshi 個展 DM
2014.7.19－8.17

在日本極受歡迎的陶藝創作家飯干祐美子，藉由在台北小器藝廊的個展，特地來到台灣。

飯干祐美子在台北展覽之前，也在洛杉磯、倫敦、以色列、新加坡、韓國、巴黎等地展覽過。而這次台北展覽的主軸如同DM的視覺呈現，是以馬克杯和盤子為主的展覽。

除了在台北短暫停留，飯干祐美子也因媒體採訪，到台南一遊。

在台南除了看看當地風景，也特地到台灣的傳統市場參觀、採買，然後到台灣的家庭主婦許凱倫家中一起料理。

凱倫是一位喜歡料理的家庭主婦，她家中擁有一個開放式廚房，很少炸或煎，大多是日式風格的料理，也很喜歡看食譜做義大利麵等。

「我不是會一直買器皿的人，會思考是否經常使用，也會想是否能跟現有的器皿搭配，另外手感、能夠呈現料理的器皿也是我選擇的標準。例如，飯干老師的一日盤很平整，可以把杯子平穩的放在上面。因為大多的盤子都有弧度，無法在上面擺

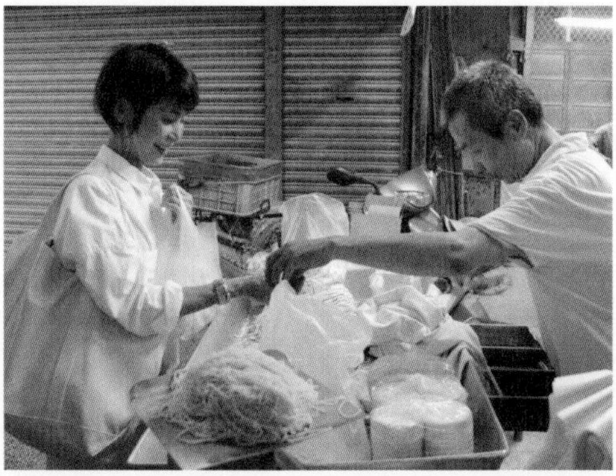

飯干祐美子第一次逛台灣傳統市場顯得很開心，市場內的攤販們也都對她很親切。

上其他器皿。這種器皿的組合就會讓擺盤變得很有趣。」凱倫說。

這次工作人員帶飯干老師去了台南的東菜市，去的時間剛好是市場最熱鬧的時候，狹窄的通道擠滿了手提大包小包的婆婆媽媽們，一股傳統市場特有的溫度也迎面而來。飯干老師第一次逛台灣的傳統市場，立刻被水果攤吸引，不論是賣乾燥水果的蔓越莓水果乾，還是新鮮水蜜桃，都讓她十分開心，直說看起來很飽滿、很美味！

她說：「在市場裡看到許多與日本不同的食材，覺得非常新鮮；到凱倫家一起做菜時，即使是與日本相同的食材，卻有不同的料理方式，譬如切法等，很有趣。例如小黃瓜和竹筍，調味與切法幾乎都跟日本不同呢！」

飯干祐美子做的器皿，在日本有比較固定的擺盤或是裝什麼樣的食物，來到這裡，思考該如何擺盤才能帶給食物最大的魅力，是一個非常新鮮的挑戰。

對飯干祐美子來說，理想的器皿是沒有終點的。做了一個系列就會想著下一次的器皿一定會更理想、會有更好的器皿被做出來。

「與其說是理想中的器皿，應該是說『想做出來的器皿』。料理擺盤時很在意料理與料理間的微妙距離、顏色搭配、與料理的對應，想要做出擺盤完成後可以讓大家發出『哇～』讚嘆的器皿。」飯干祐美子說。

對作家來說，看見自己的作品跨越了海洋，在不同的國度裡，被擺上自己鮮少看過的食材所料理出的食物，還有食物與器皿所產生的各種多變組合，應該是無比的喜悅吧！

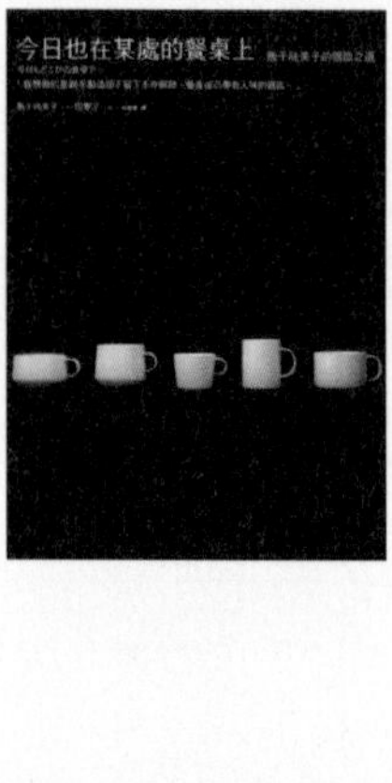

《今日也在某處的餐桌上：
飯干祐美子的器皿之道》
大藝出版

飯干祐美子與凱倫滿臉笑容地享用剛剛煮好的美味料理。

飯干祐美子的作品簡潔、實用，在日本也是大受歡迎。

飯干祐美子

器皿作家、設計師。京都嵯峨藝術大學畢業後，以「yumiko iihoshi porcelain」之名發表作品。曾在朝日陶藝展、伊丹國際工藝展獲獎。作品除了在日本國內外的器皿商店及生活風格商店可見到以外，也在2011年參加法國巴黎家具家飾展。
www.y-iihoshi-p.com

公文美和的攝影日記⑩

美味日日

名古屋的黑輪

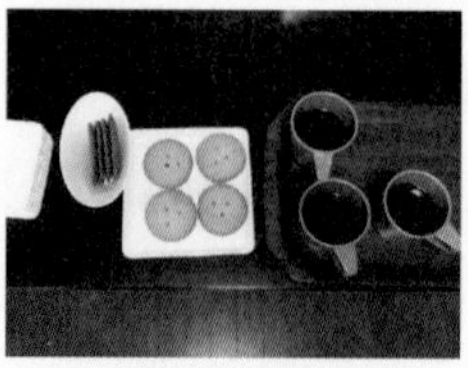
美麗的茶套餐

漂亮的廚房

室戶岬的魚

長壽貓

可愛的形狀

這個不能吃

高橋總編輯風格的
摩洛哥沙拉

高知的市場

高知縣室戶市
執刀咖啡店的咖哩

巴黎的伴手禮

MLB的餐廳

自然的顏色

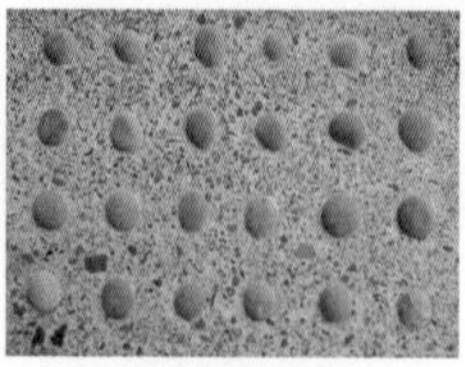
漂亮的玄關

洋蔥焗烤

高知

這東西的吃法很困難

CAFÉ DU MARCO

鐵板燒

旅館的飯

早餐

咖啡店裡的小東西

長野

群馬的豬排飯

燉牛肉

CAFÉ DU MARCO

一直無法決定要哪個

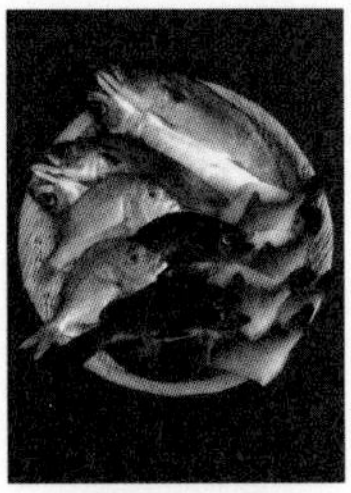
漂亮的魚乾

攝影的午餐

中村好文的山之家

牆上的上弦月

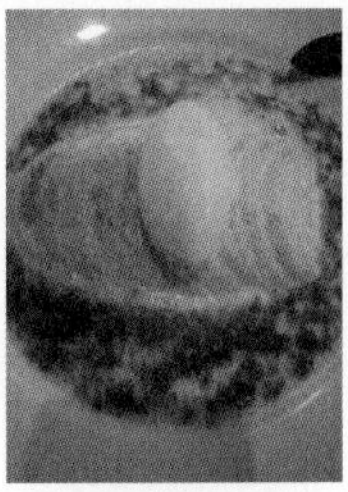
洋梨甜點

最中

法式千層酥

得到丹羽裕美子（編按：布作者）的作品

裝成一盤的午餐

帶骨脆皮雞

炭屋的咖啡

三谷龍二的器皿

高妻葡萄（品種名）

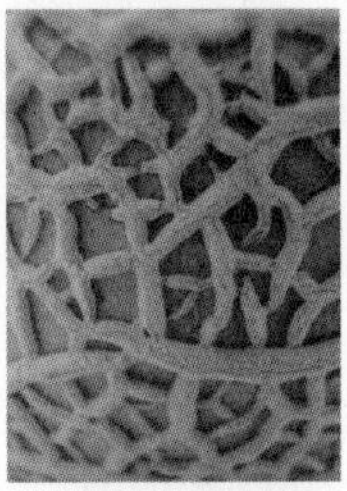
哈蜜瓜的紋路

蘆之湖

高知的市場

攝影的午餐

自然的顏色

在高原品嚐白葡萄酒

煮飯

極品炸蝦

高橋總編輯製作

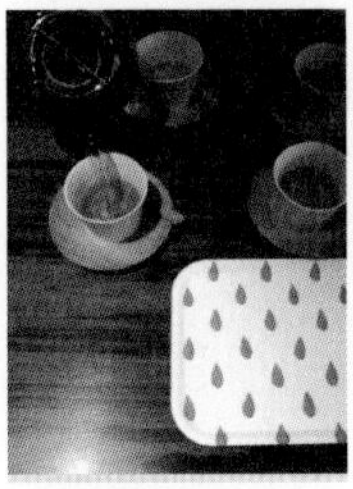
雨天的喝茶

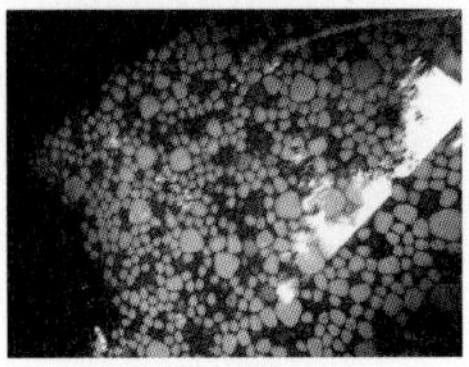
大沼旅館

像肚臍的紅豆麵包

STAUB鍋做的舒芙蕾

執刀咖啡店

很棒的店內風景

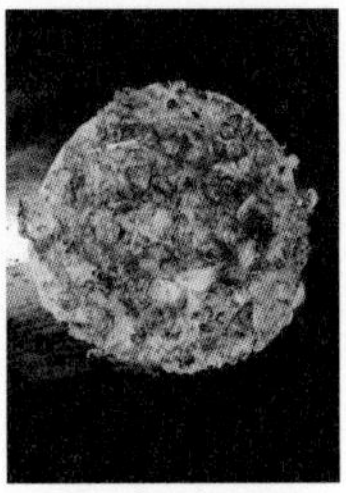
名古屋的大阪燒

份量十足的的午餐

嶺貴子的生活花藝

苔球風鈴

在日本，風鈴是夏天的象徵物，
偶而一陣風來，吹出清脆晶瑩的聲音，
彷彿吹散了一些盛夏的熾熱。

挑選葉型輕盈、有垂枝的植物，
作成讓視野洋溢綠意、
又能在風吹拂的時候發出悅耳聲音的植栽風鈴，
賞心悅目的植物
是天然的氧氣供應器，
搭配風鈴管、風鈴片或是可以發出聲音的鈴鐺，
掛在室內窗邊或是陽台屋簷，
試試看以這種視覺、聽覺和嗅覺多重奏的方式，
來度過幾個月炎熱的夏天吧！

材料很簡單：
• 一盆植栽　• 青苔　• 鐵絲
• 鐵絲剪　• 風鈴管或是風鈴片

❶ 先將植物脫盆。

❷ 去除枯枝或雜枝。

❸ 調整根部形狀，做出圓球形，較空的位置以青苔包覆。

❹ 一邊從中心開始繞鐵絲，在中間打結，同時以鐵絲固定青苔。同樣的步驟做十字形纏繞。

❺ 纏繞的時候，若有較空的地方再補上青苔。

❻ 留一段長鐵絲，最後在上方的正中間處打結固定，調整垂吊時的平衡度。

❼ 裝上風鈴。

也可以用其他植物來做做看。

東京園藝店展示著各種植物作成不同造型的苔球風鈴。（嶺貴子 攝）

嶺貴子
Mine Takako

出生於日本，目前居住台北。專業花藝老師。
2013年開設花店「Nettle Plants」。

Nettle Plants

位於生活道具店「赤峰28」一樓的花店。除了販售切花、乾燥花、各式花禮之外，不時也會開設花藝課程。相關開課內容請洽
contact@thexiaoqi.com
地址：台北市中山區赤峰街28之3號1樓
電話：02-2555-6969

＊場地、道具提供—小器生活道具（02-2559-6852）、赤峰28（02-2555-6969）、
nichi nichi +park（02-2559-6869）
如須特殊花草或香草植物請洽Nettle Plants。
示範—嶺貴子　攝影—Evan Lin　文—Frances

34號的生活隨筆❽

旅行中的公寓生活

圖・文—34號

拿著一串公寓鑰匙，提著超市買來的日常生活購物，打開公寓高大且沈重的古舊大門，按下電梯到我們居住的樓層，一連串的動作將我們的旅人身份一下子暫時轉換成當地的居民，即使停留時間不長，但這樣隨著當地生活脈動呼吸，在我們的旅行履歷中留下了美妙且珍貴的記錄。

旅行時選擇公寓或是歐洲鄉間農莊而居與下榻於旅館有什麼差別？我曾經這樣問自己，腦中第一個跳出的答案是：廚房。喜愛在世界各國超市、朝市、漁市、農人市場與週末市集流連的我，總是因為看到新奇的食材想試試卻因為住在沒有廚房設備的旅館，只能扼腕嘆息。但其實主要應該還是因為這幾年旅行型態的改變；不再以追逐景點為首要，喜愛定點式住上一、兩個星期，以一個城市為中心慢慢探索品賞，有個有廚房、小客廳、舒適的臥室與洗衣設備的公寓，讓我們每日體驗異國行旅累了還有個像家的地方可歇息，而不只是有空調、一張鋪得整潔的床與浴室的旅館房間而已。就算僅短暫停留一、兩個星期，因為住的是公寓，竟會產生一種偽當地人的歸屬感，居住空間不同因此心態也不同，多麼的神奇。

當然廚房還真的是個重點，旅行久了最先開始產生鄉愁的不是心，通常是味蕾，尤其在歐洲國家旅行時，會驚訝自己怎麼這麼快就想念一碗熱騰騰的湯，而採買在假期內一定要用完的食物量，不造成浪費，對主婦也是個具挑戰性的考驗，除此之外利用半成品、沒見過的蔬菜、組合烹調出一家人喜愛的口味所帶來的成就感，也是主婦的小小滿足。在義大利曾買過一次用量包裝的培根條、炒上一餐義大利麵就用完一點都不浪費。在倫敦著名的Borough Market買到新鮮又不貴的淡菜，當晚以白酒烹上一大鍋，佐以啤酒、麵包，比前一天在柯芬園比利時淡菜名店吃得還開心滿足。早上起來簡單煎個蛋、烤土司、一盆北歐夏天盛產的莓果，穿著睡衣在窗邊遠眺哥本哈根海景吃早餐，這些那些都是讓我下次旅行還想繼續租間公寓住的原因。

studio m' 品牌專門店
台北市赤峰街28之3號　赤峰28
02-2555-6969
台中市大容東街15號
04-2310-1797
©studio m'

日々・日文版 no.18

編輯・發行人——高橋良枝
設計——渡部浩美
發行所——株式會社 Atelier Vie
http：//www.iihibi.com/
E-mail：info@iihibi.com
發行日——no.18：2009年12月1日

插畫——田所真理子

日日・中文版 no.13

主編——王筱玲
大藝出版主編——賴譽夫
設計・排版——黃淑華
發行人——江明玉
發行所——大鴻藝術股份有限公司｜大藝出版事業部
台北市103大同區鄭州路87號11樓之2
電話：（02）2559-0510　傳真：（02）2559-0508
E-mail：service@abigart.com
總經銷：高寶書版集團
台北市114內湖區洲子街88號3F
電話：（02）2799-2788　傳真：（02）2799-0909
印刷：韋懋實業有限公司

發行日——2014年8月初版一刷
ISBN 978-986-90240-7-5

日日 / 日日編輯部編著. -- 初版. -- 臺北市 ：
大鴻藝術, 2014.08　48面；19×26公分
ISBN 978-986-90240-7-5（第13冊：平裝）
1.商品 2.臺灣 3.日本
496.1　　　　101018664

日文版後記

「CAFE DU MAROC」是位於從輕井澤通過追分、往小諸市途中的北佐久郡御代田町的唐松林裡。在那裡會聽到的就只有風吹過唐松林梢的聲音。說是採訪，但是四名女子一起去，成了悠閒而愉快的午餐時光。飛田和緒和山川綠與高采烈地挑選餐廳裡販售的摩洛哥雜貨

寫了卷頭散文的山川綠，她在山裡的家是由中村好文設計的。在那附近不遠處，也有中村好文以實驗性質所建造的山中小屋，採訪之後，我和飛田和緒、公文美和三人就做了這兩棟中村作品的巡禮。

另外，飛田和緒的攝影從海邊的小鎮到三浦半島。這次更成了品味山海風景和美食的採訪。「九鬼太白純正胡麻油」的採訪，是在三重縣的四日市市。從名谷屋搭近鐵的特急電車，27分鐘就到達，沒想到這麼近讓我們嚇了一跳。九鬼產業是從明治時代創業至今，都在同一個地方製造胡麻的綜合廠商。我們在廣大的廠區接受導覽、進入裝瓶步驟的工廠時，還要換上白衣，接受了好幾次嚴格的消毒程序，連攝影師也變得有點緊張了。　（高橋）

中文版後記

看到這期裡頭介紹三谷龍二先生的白漆梅花盤，忍不住驚呼：「啊！我有！」今年五月去了一趟松本，原本是打算去看 Craft fair 的，誰知道在外圍（當然也包括三谷先生的10cm）越逛越開心，到後來想說：「這也就足夠了。」於是連會場大門都沒有踏進去，便心滿意足地踏上了歸途。年紀越大，就會有越多「這也就足夠了」的心境。在這樣的情況之下，那些依舊一樣堅持的事情，便也變得益發重要。

《日々》創刊以來至今，期期赤字。意思性地調漲了20元，在營運上無法帶來太多實質的改善，但也算是間接地宣言了我們絕對不停刊的立場，希望大家能夠體諒支持。

（江明玉）

大藝出版Facebook粉絲頁 http：//www.facebook.com/abigartpress
日日Facebook粉絲頁 https：//www.facebook.com/hibi2012